数和谜题

玩出来的逻辑思维

图书在版编目（CIP）数据

玩出来的逻辑思维．数和谜题／康思谜题编著．—北京：知识产权出版社，2019.5
ISBN 978-7-5130-6105-6

Ⅰ.①玩… Ⅱ.①康… Ⅲ.①逻辑思维－思维训练－青少年读物 Ⅳ.① B80-49

中国版本图书馆 CIP 数据核字（2019）第 029641 号

内容提要

数和是一种计算类益智谜题游戏，适合 8~99 岁各个年龄段的爱好者，提高逻辑思维能力，培养数学兴趣，亲子共读，成就最强大脑。本书重点介绍了数和的规则和基本的解题方法，精选了不同难度的练习题，便于爱好者上手，一学就会。除本书习题外，还通过"康思谜题"网站及专属 APP 为读者提供相应的习题，共约 1000 道。同时我们还提供了网站、论坛、微信和微博等多种方式让读者与作者有更好的交流。在本书的最后一章收集了有利于培养专注力和逻辑思维能力益智谜题——战舰谜题。全书题目均配有答案。

责任编辑：李小娟　　　　　　　　责任印制：刘译文

玩出来的逻辑思维 数和谜题
WANCHULAI DE LUOJI SIWEI SHUHE MITI
康思谜题　编著

出版发行：	知识产权出版社有限责任公司	网　　址：	http://www.ipph.cn
电　　话：	010-82004826		http://www.laichushu.com
社　　址：	北京市海淀区气象路 50 号院	邮　　编：	100081
责编电话：	010-82000860 转 8531	责编邮箱：	lixiaojuan@cnipr.com
发行电话：	010-82000860 转 8101	发行传真：	010-82000893
印　　刷：	三河市国英印务有限公司	经　　销：	各大网上书店、新华书店及相关专业书店
开　　本：	880mm×1230mm　1/32		
版　　次：	2019 年 5 月第 1 版	印　　张：	3.875
字　　数：	144 千字	印　　次：	2019 年 8 月第 2 次印刷
ISBN 978-7-5130-6105-6		定　　价：	29.00 元

出版权专有　侵权必究
如有印装质量问题，本社负责调换。

前 言

  谜题是一种好玩的益智休闲游戏，风靡世界数十载，世界各地每年都有大大小小的各类谜题比赛。例如，世界谜题锦标赛已连续举办了 29 年。常玩谜题，可以健脑益智。尤其是可以提高孩子的逻辑思维能力和数字学习能力等。上海师范大学心理系教授从几个维度分析了谜题与智商的关系，认为它和智力相关，即谜题涉及到数个重要的认知功能：如感觉、知觉、注意、记忆、思维能力、创造力……而这些都是智力重要的组成部分。经过对数学学习与智力之间关系长期的研究，发现数学学不好，在智力上其实有不同的成因。有些孩子计算能力不行，尤其是中央执行控制能力和语音能力，前者控制注意力，抵制外界干扰，后者指的是语音记忆能力密切相关。例如，将一串听到的数字倒过来复述，这些孩子就有困难。有些孩子几何学得不好，原因则是视觉空间能力上的缺陷，主要是方位记忆能力差。

  谜题在这两种能力上都有涉及，而这两种能力与学业智力有高度相关性。此外，谜题还和智力中的工作记忆系统有关。谜题与智力中的逻辑思维能力关系则更加紧密。而智力的核心就是思维能力，其中包括发散思维、逻辑思维等，而推理能力是逻辑思维的体现。所以，玩谜题，可以潜移默化地训练一个人上述的几种智力因素，提高思维能力和数学学习能力。

"玩出来的逻辑思维"系列图书是由世界领先的谜题设计及发布公司——康思谜题从全世界100多个国家的数百万谜题爱好者的大数据中甄选出的最欢迎的6种谜题集结成书，分别是《岛谜题》《战舰谜题》《数独谜题（上）》《数独谜题（下）》《井格谜题》《数和谜题》和《填方块谜题》。每本书中不仅设置了不同难度的题目和答案，还针对书中的题目编写了有针对性的解题方法，爱好者更容易上手，一学就会。

康思谜题（Conceptis Ltd.）是世界上领先的逻辑谜题出版商和逻辑游戏提供商。康思谜题每年为全世界100多个国家数以百万的谜题爱好者创造出超过25000道新的逻辑谜题。每天有超过2000万道的康思谜题在全世界的报纸、杂志、图书、在线网络及智能手机、平板电脑上被爱好者解出。截至 2018 年年底,康思谜题已出品超过 18 款逻辑谜题,内容包含图形逻辑谜题和数字逻辑谜题,是广大谜题爱好者最喜欢也是出品电子谜题种类最多、最专业的谜题公司。康思谜题致力成长为谜题内容最优质的提供者,将逻辑谜题的快乐带给每一位喜欢脑力挑战的爱好者,将游戏的快乐融入到教育之中。

"玩出来的逻辑思维"系列图书是一套关于玩的书,在玩中培养数学兴趣,激发无限潜能,释放天性,更是一套适合亲子共读的书籍。

玩出来的逻辑思维
目录 /CONTENTS

第一章 数和规则及解题方法介绍 /001

第二章 数和练习题及答案 /007

　　7×7 练习题及答案 /008

　　8×8 练习题及答案 /018

　　9×13 练习题及答案 /063

　　10×10 练习题及答案 /082

第三章 战舰练习题及答案 /103

第一章

数和规则
及解题方法介绍

一、规则

数和谜题是将数字 1~9 填到所有空格内，使得每一个水平的矩形框内数字之和与其左侧的提示数字相等，每一个垂直的矩形框内数字之和与其顶部的提示数字相等。另外，每一个矩形框内的数字都不能重复。数和的例题和例题答案详见图 1 和图 2。

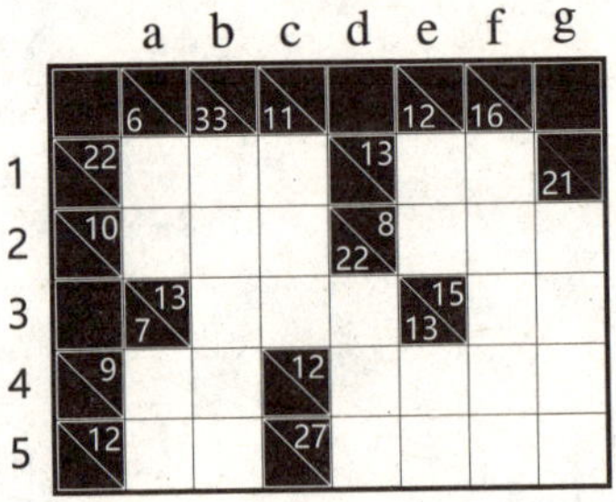

图 1 数和例题

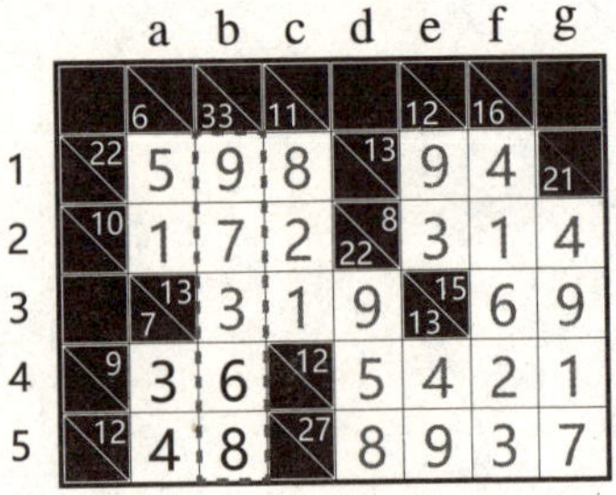

图 2 数和例题答案

二、解题方法

步骤 1：数和谜题的精髓在于特殊的数字组合。让我们观察图 3 中谜题第一行这个长度为 3、和为 22 的矩形框。唯一的两种数字组合为 5+8+9 和 6+7+9。然而，在第 a 列中的 a1 格不能有

图 3 数和例题解析（1）

大于 6 的数字，因为 a 列中长度为 2 的矩形框和为 6。因此 a1 格只能填入数字 5。当然，a 列中这个长度为 2、和为 6 的矩形框也可以随之完成，a2 格填入数字 1。

步骤2：通过步骤1得知，b1格和c1格必须包含数字8和9，但不确定它们的摆放顺序。观察第c列中长度为3、和为11的矩形框。如果将c1格填入9，那么c2格和c3格都必须填入数字1，这与游戏规则相违背。这也就意味着，c1格填入8，b1格填入9，如图4所示。

图4 数和例题解析（2）

步骤3：第c列只剩下两个空格，并且它们的数字之和为3。当然，唯一的组合只能是1+2，但不知道其顺序。然而，a2格已经填入数字1，因此，c2格必定为数字2，如图5所示。

图5 数和例题解析（3）

步骤4：第f列中长度为5、和为16的矩形框，通过魔法表我们得知，其唯一的组合可能为1+2+3+4+6，但还不确定其摆放顺序。检查水平方向第3行，长度为2、和为15的矩形框，其只有两种可能6+9和7+8。又因为f3格是两个

图6 数和例题解析（4）

矩形框的交叉点，所以它必须是两个矩形框的唯一共有数字 6。随后，将数字 9 填入 g3 格中，如图 6 所示。

步骤 5：观察第 1 行中长度为 2、和为 13 的矩形框，得知允许的三种可能性组合为 4+9、5+8 和 6+7。然而，该矩形框与 f 列中长度为 5、和为 16 的魔法矩形框相交，并且该框内只剩下数字 1、

图 7 数和例题解析（5）

2、3、4，那么两个矩形框的共同数字只有 4，因此将 f1 格填入数字 4。现在我们可以将 e1 格填入数字 9，e2 格填入数字 3，如图 7 所示。

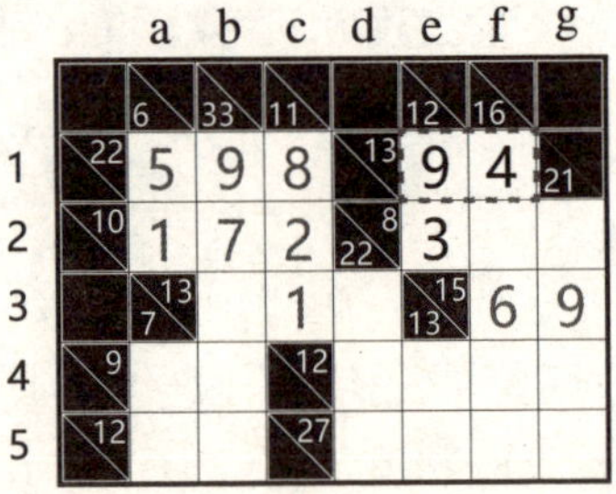

步骤 6：第 2 行中长度为 3、和为 8 的矩形框，它有两个空格相加为 5，即有两种可能的组合 1+4 和 2+3，但是 2+3 的组合似乎不能应用，因为该矩形框内已经包含数字 3。另外，f2

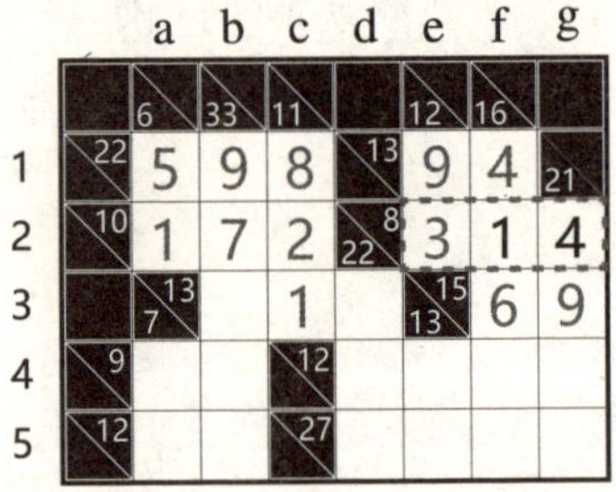

图 8 数和例题解析（6）

格中不能填入数字 4，因为第 f 列中长度为 5、和为 16 的矩形框中已经有数字 4。这样就意味着 f2 格填入数字 1，g2 格应该填入数字 4，如图 8 所示。

步骤7：在第 f 列中，长度为 5、和为 16 的矩形框还剩下数字 2 和 3。观察第 5 行中长度为 4、和为 27 的矩形框。如果 f5 格为数字 2，那么剩下的三个必须相加为 25。但是这不可能，因为 3 个格子最大之和为 7+8+9=24。因此，将数字 3 和 2 分别填入 f5 格和 f4 格，如图 9 所示。

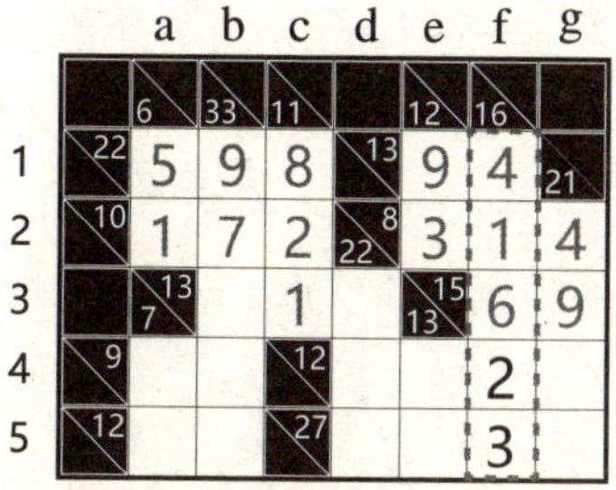

图 9 数和例题解析（7）

步骤8：观察谜题右手边的区域，这里有一个特殊的情况。如果我们将第 d 列、e 列、f 列、g 列分别垂直相加，即得到 22+12+13+16+21=84。如果将除了 d3 格以外的相同区域水平相加，即可得到 13+8+15+12+27=75。这也就意味着，d3 格为 84−75=9，随之，我们将 b3 格填入数字 3，完成该矩形框，如图 10 所示。

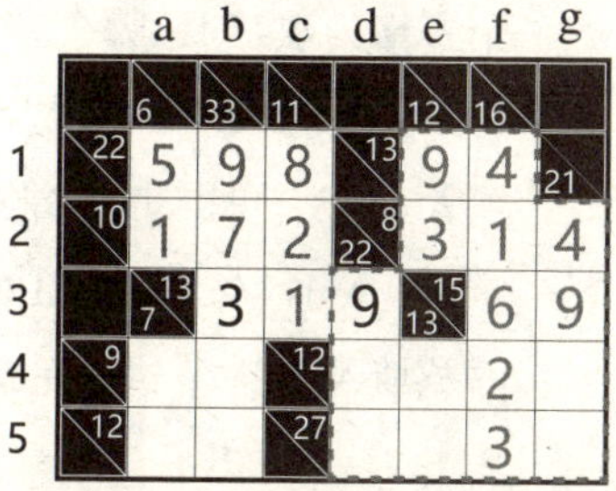

图 10 数和例题解析（8）

步骤9：让我们回到第 5 行中长度为 4、和为 27 的矩形框，其包含了 3 个空格并且和为 24。现在这

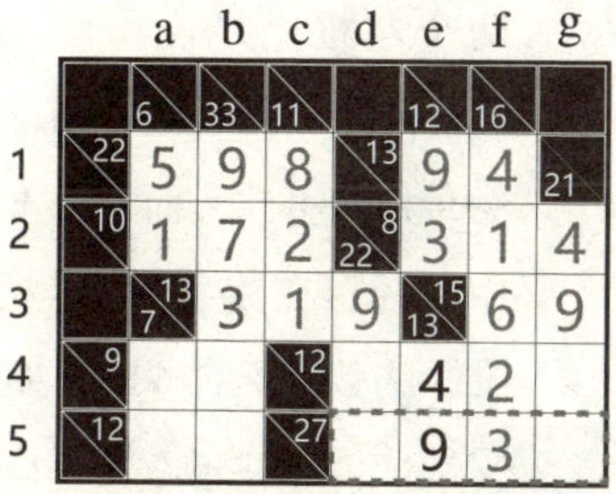

图 11 数和例题解析（9）

三个空格组成了一个魔法表中存在的情况，即 7+8+9。然而，d5 格和 g5 格都不能填入数字 9，因为每一格其所在垂直矩形框都已经存在数字 9。因此，只能将数字 9 填到 e5 格。现在通过简单的计算，我们将数字 4 填入 e4 格，如图 11 所示。

步骤 10：第 4 行中长度为 4、和为 12 的矩形框仍然包含两个空格，其和为 6。两种可能的组合为 2+4 和 1+5，排除 2+4 之后，确定哪个方格为数字 1，哪个方格为数字 5。如果尝试将数字 1 填入 d4 格，可得知，d5 格必定将大于数字 9，因此，只能将数字 5 填入 d4 格，将数字 1 填入 g4 格。现在，将 d5 格填入数字 8，g5 格填入数字 7，进而完成第 d 列和第 g 列，如图 12 所示。

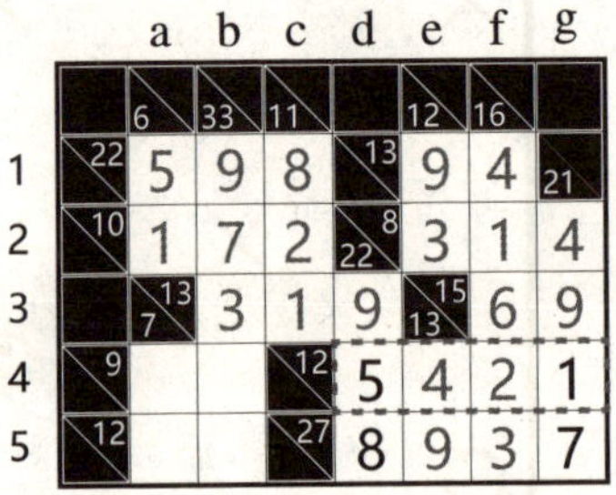

图 12 数和例题解析（10）

步骤 11：最后，观察第 b 列中长度为 5、和为 33 的矩形框。该矩形框内包含了两个空格，并且和为 14，因此剩余的两种组合可能为 5+9 和 6+8。然而，第 b 列中已经存在数字 9，只能有唯一的数字组合 6+8。如果将 b5 格填入数字 6，那么 a5 格也只能填入数字 6，与题目规则相违背。因此，b5 格的唯一候选数只能是数字 8，如图 13 所示。

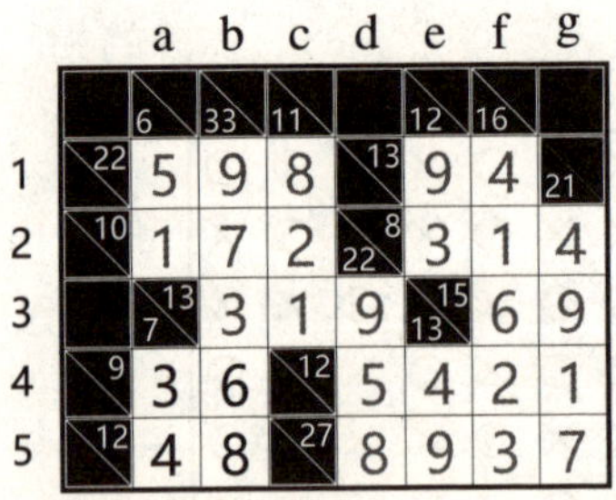

图 13 数和例题解析（11）

第二章

数和练习题及答案

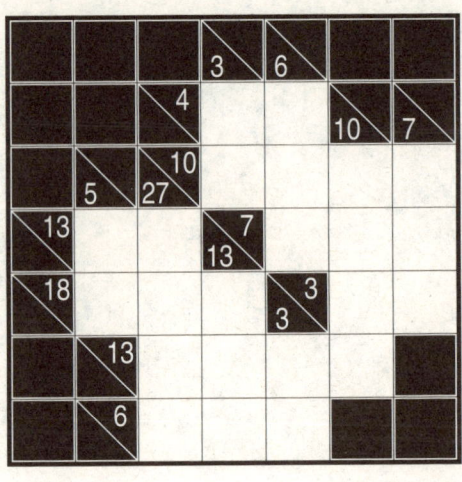

001

✏️ 卡点小提示：

观察 d 列中数字和为 3、长度为 2 的矩形框。它唯一可能的加法组合是 1+2。

不过，数字 2 不能填入 d2 格，因为如果将数字 2 放在此位置，那么第 2 行数字和为 4、长度为 2 的矩形框将会出现 2+2 的情况，这与游戏规则相违背。因此 d2 格只能填入数字 1。

009 答案

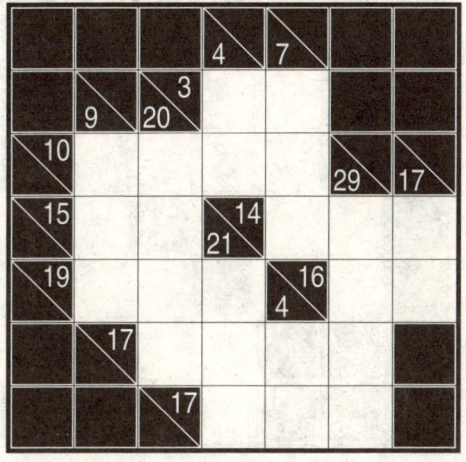

002

✏ 卡点小提示：

观察 d 列中数字和为 4、长度为 2 的矩形框。它唯一可能的加法组合是 1+3。

数字 3 不能填入 d2 格，因为第 2 行中数字和为 3、长度为 2 的矩形框。所以，d2 格位置只能填入数字 1。

010 答案

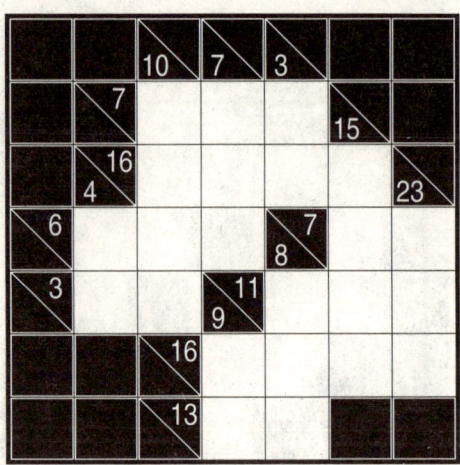

003

✏️ 卡点小提示：

观察第 4 行中数字和为 6、长度为 3 的矩形框。它唯一可能的加法组合是 1+2+3。

数字 1 不能填入 b4 格位置，否则 b5 格将会是数字 3，这样违背了 b5 格左侧的求和条件。数字 2 不能填入 b4 格，否则根据其顶部数字和为 4、长度为 2 的条件，将会产生 2+2。

因此 b4 格只能填入数字 3。

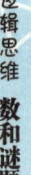

001 答案

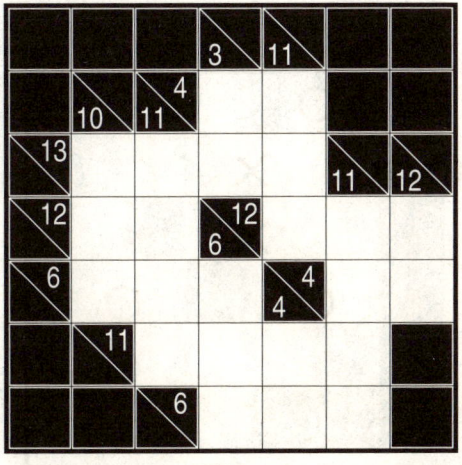

004

✎ 卡点小提示：

观察第 5 行中数字和为 4、长度为 2 的矩形框及第 g 列中数字和为 12、长度为 2 的矩形框。数字和为 4、长度为 2 的矩形框的加法组合只能是 1+3。但是因为第 g 列中和为 12、长度为 2 这一条件，g5 格不能填入数字 1。因此 g5 格只能填入数字 3。

002 答案

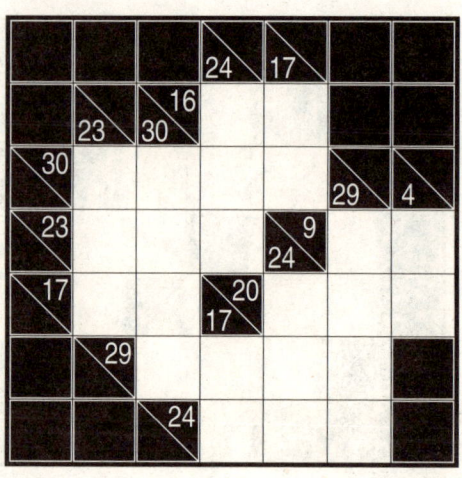

005

卡点小提示：

观察第 e 列中数字和为 17、长度为 2 的矩形框。其唯一的加法组合是 8+9。e1 格不能填入数字 8，否则根据数字和为 16、长度为 2 的条件，将会产生 8+8。因此，e1 格只能填入数字 9。

003 答案

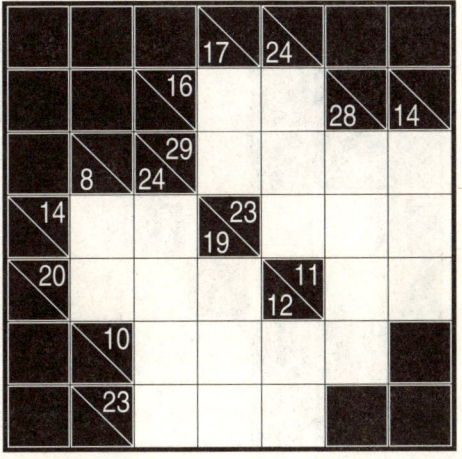

006

004 答案

第二章 数和练习题及答案 013

007

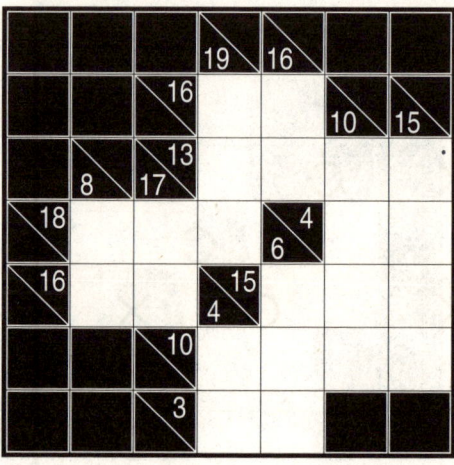

005 答案

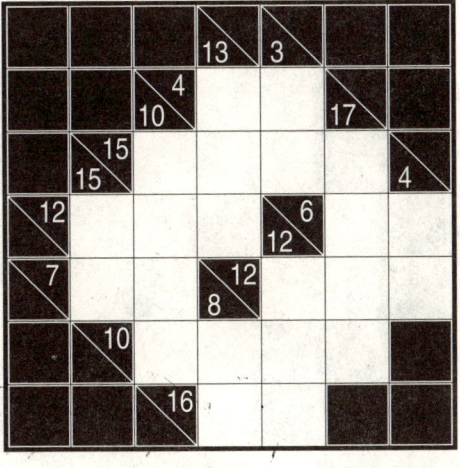

008

006 答案

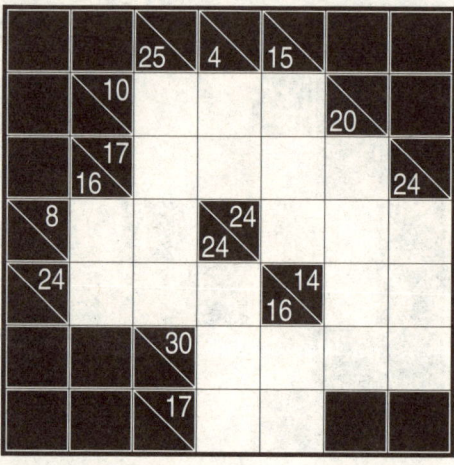

009

007 答案

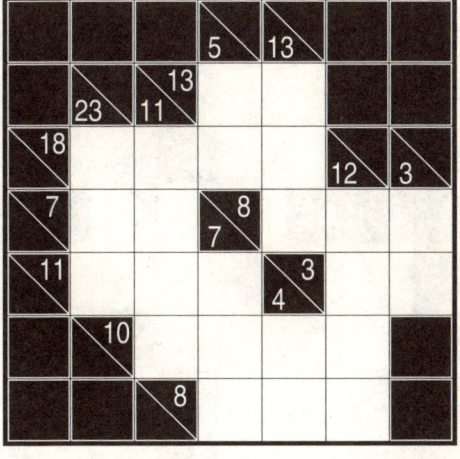

010

008 答案

第二章 数和练习题及答案 017

18×8 练习题及答案一

011

玩出来的逻辑思维 数和谜题

054 答案

012

055 答案

013

011 答案

■	20\	24\	■	30\	17\	24\	■
\14			\24				16\
\16			24\30				
\30					26\17		
■	14\	24\24				20\	12\
\17				17\23			
\16			\29				
\14			\14				

014

■	14\	7\	■	11\	4\	6\	■
\3	2	1	\6	3	1	2	3\
\11	9	2	6\11	5	3	1	2
\10	3	4	2	1	14\4	3	1
■	17\	10\6	3	2	1	10\	12\
\17	9	7	1	4\6	2	1	3
\4	3	1	\27	3	8	7	9
\7	5	2	\6	1	3	2	■

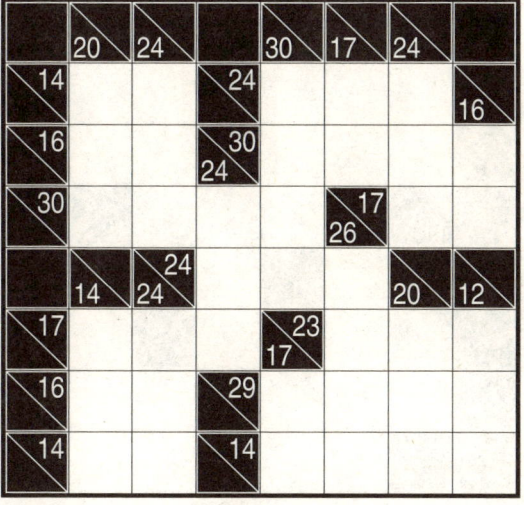

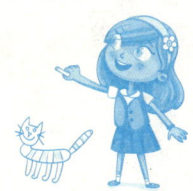

012 答案

015

013 答案

016

014 答案

■	24\	16\	■	7\	15\	■	■
\17			\15			4\	13\
\8			22\14				
\24				30\9			
■	21\	17\17				24\	17\
\30					16\16		
\5			\30				
\17			\24				■

017

■	17\	8\	24\	■	28\	16\	17\
\17	9	1	7	\21	5	7	9
\24	8	7	9	9\23	6	9	8
■	11\	16\23	8	6	9	19\	6\
\3	1	2	10\18	1	8	7	2
\14	7	4	1	2	3\4	1	3
\6	3	1	2	\11	2	8	1
■	\16	9	7	\4	1	3	■

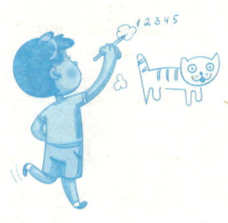

015 答案

018

016 答案

019

017 答案

020

018 答案

第二章 ▎数和练习题及答案 027

021

019 答案

022

020 答案

023

021 答案

024

022 答案

025

023 答案

026

027

025 答案

028

026 答案

029

027 答案

030

028 答案

031

029 答案

032

030 答案

033

031 答案

034

032 答案

035

033 答案

036

034 答案

037

035 答案

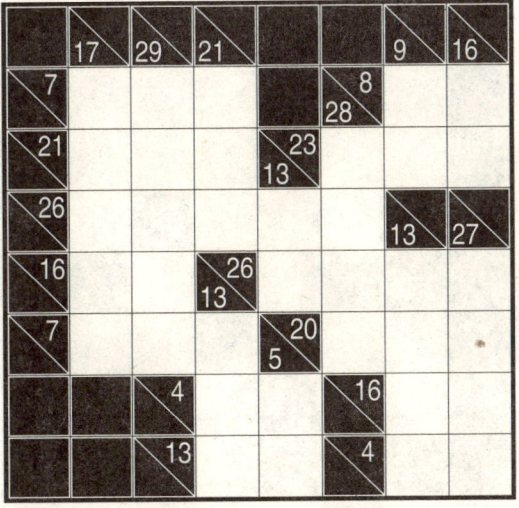

038

036 答案

■	16\	24\	■	13\	12\	6\	22\
\17			\26				
\16			18\11				
■	\17				20\12		
■	4\	3\19				19\	14\
\6				9\8			
\3			\21				
■	■	■	\24				■

039

■	3\	14\	19\	■	27\	7\	4\
\19	2	9	8	\17	9	5	3
\8	1	5	2	24\11	8	2	1
■	22\	19\24	9	8	7	26\	8\
\16	9	7	18\13	7	3	2	1
\17	5	1	2	9	9\13	8	5
\24	8	9	7	\10	1	7	2
■	\11	2	9	\17	8	9	■

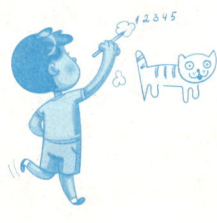

037 答案

040

038 答案

041

039 答案

042

040 答案

第二章 数和练习题及答案　049

043

041 答案

044

042 答案

045

043 答案

第二章 数和练习题及答案 053

046

044 答案

047

045 答案

048

046 答案

049

047 答案

13	22		12	9	
5 4	1	6 17	5	1	30
30 9	7	8	2	1	
15	5	9	1 10	2	1
3 1	2	17 8	4	2 8	3
7	2	4	16 3	7	9 6
22	3	4	2	1 7	5
	4	3	1	7 4	3 1

050

048 答案

第二章 数和练习题及答案 057

051

049 答案

052

050 答案

053

051 答案

054

052 答案

第二章 数和练习题及答案 061

055

053 答案

|9×13 练习题及答案|

■	16\	33\	■	12\	16\	21\	21\	39\
\12			\18					
\15			28\26					
\19					\16			
\11					6\23			
\14				18\18				
■	38\	28\12				15\6		
\6			19\12				15\	33\
\30					16\6			
\24				\17				
\17				14\24				
\16						\8		
\28						\10		

059

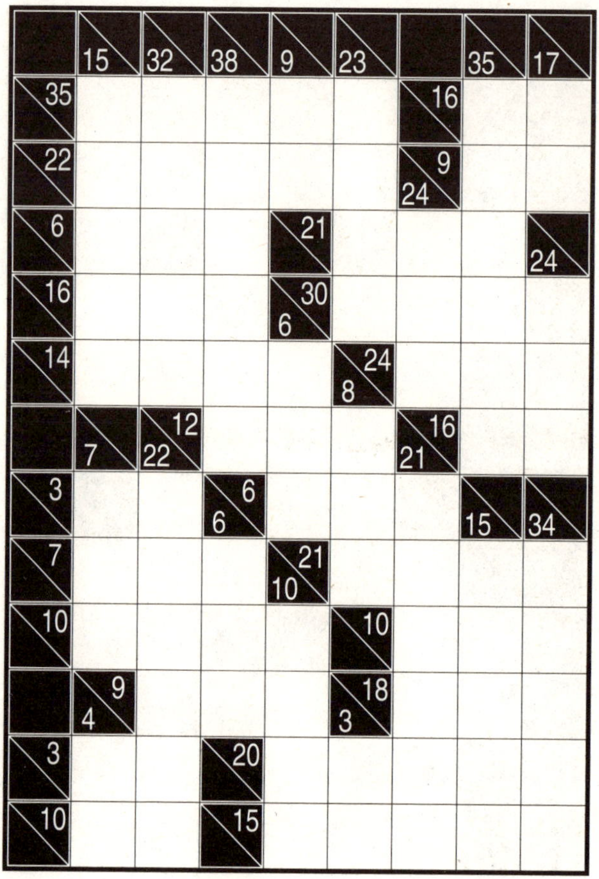

063

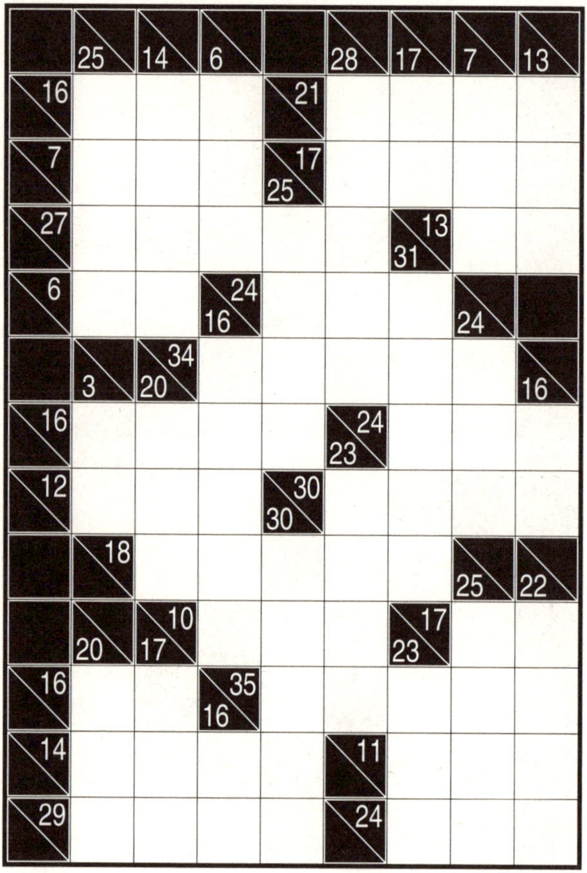

056 答案

057 答案

058 答案

059 答案

060 答案

061 答案

062 答案

063 答案

064 答案

065 答案

066 答案

067 答案

068 答案

069 答案

070 答案

【10×10 练习题及答案】

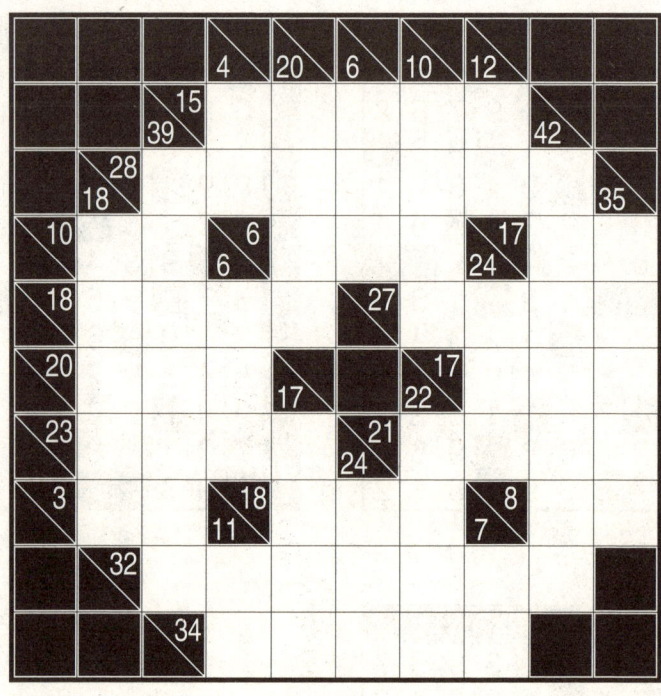

071

089 答案

072

090 答案

073

071 答案

074

072答案

075

073 答案

076

074 答案

第二章 数和练习题及答案 087

077

075 答案

078

076 答案

079

077 答案

080

078 答案

081

079 答案

082

080 答案

083

081 答案

084

082 答案

085

083 答案

086

084 答案

087

085 答案

088

086 答案

第二章 数和练习题及答案 099

089

087 答案

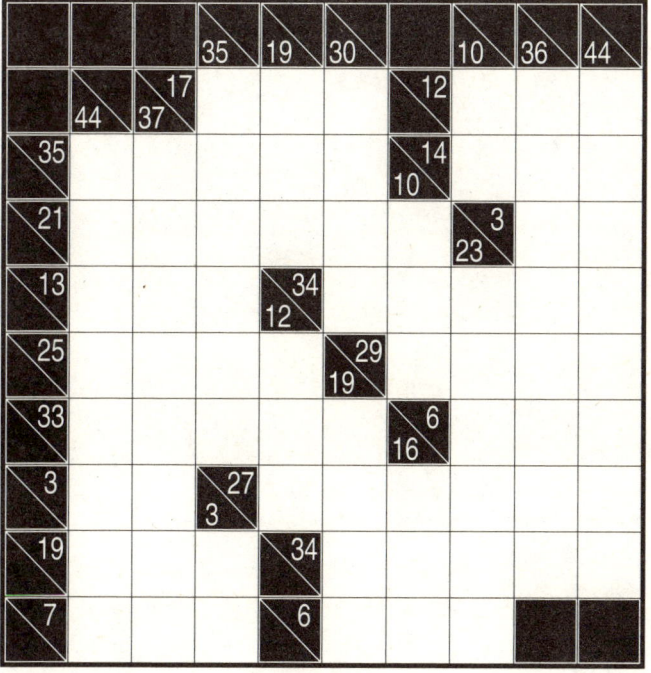
090

088 答案

第三章

战舰练习题及答案

战舰规则

　　战舰是一款探索舰队布局的游戏,其网格是大海,而海上隐藏着一个包含数艘船只的舰队。游戏的目的是通过逻辑推理将舰队的布局图还原出来。网格右侧和底端的提示数字告诉玩家对应行、列的船体段数量。这些船只能水平或者竖直排列,并且包含对角在内,船体间不能相触。有时,网格中的某些方格会被填涂为船体段或者水域,目的是提示玩家从哪里下手。

001

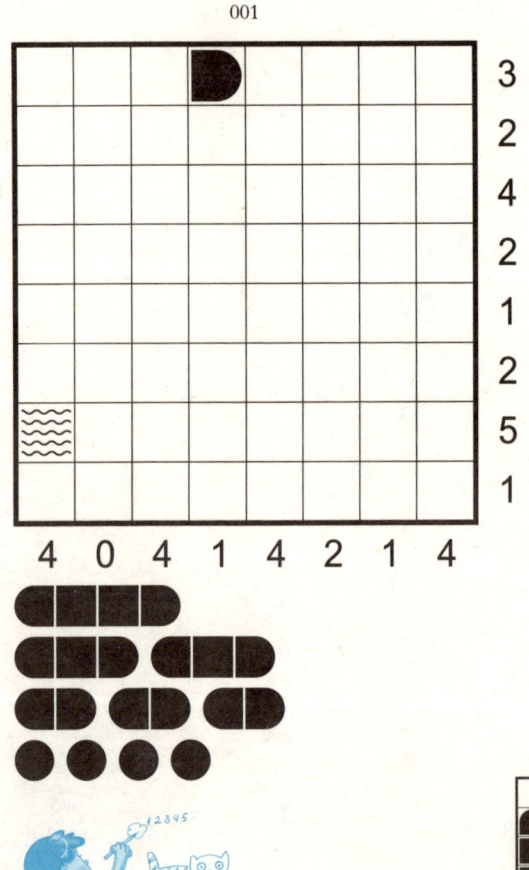

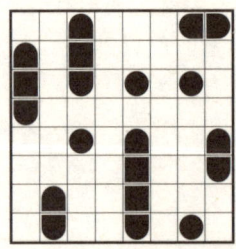

009 答案

第三章 战舰练习题及答案 105

002

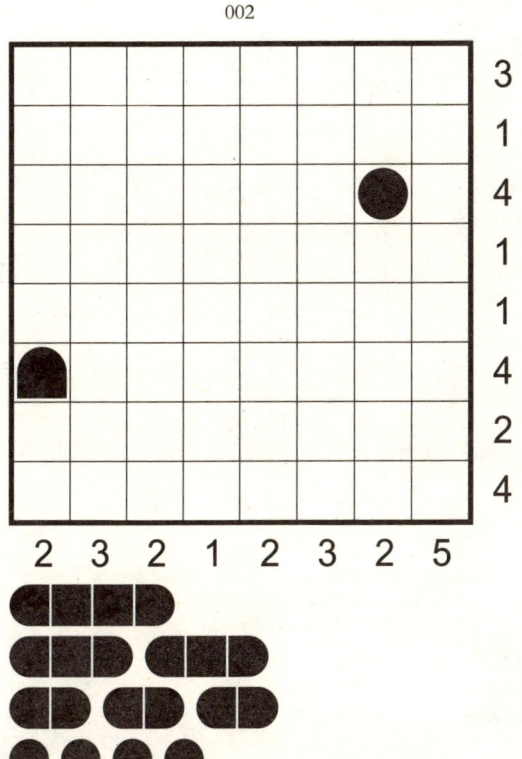

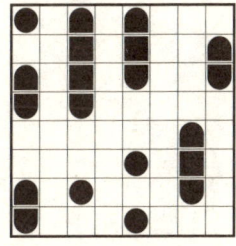

010 答案

003

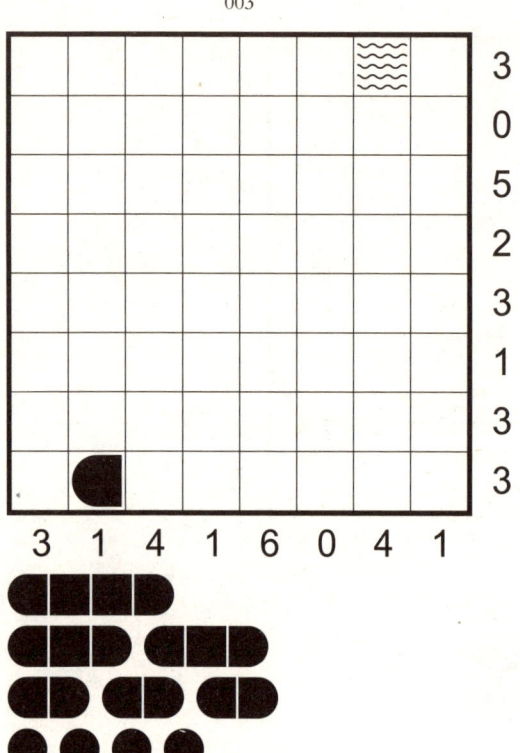

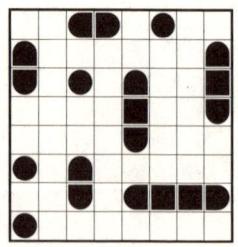

001 答案

004

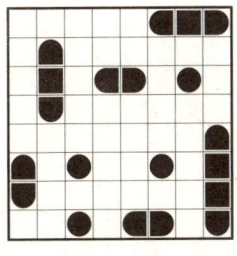

002 答案

005

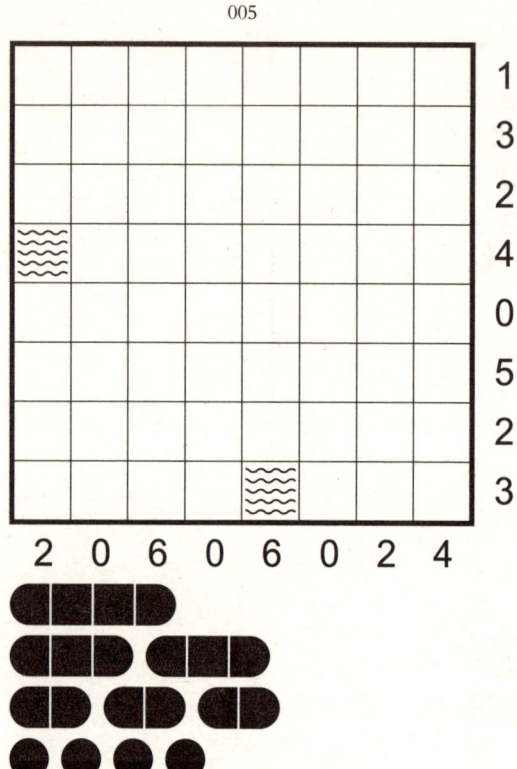

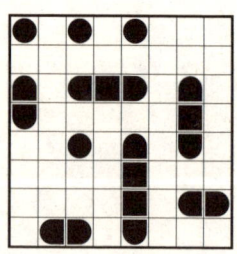

003 答案

006

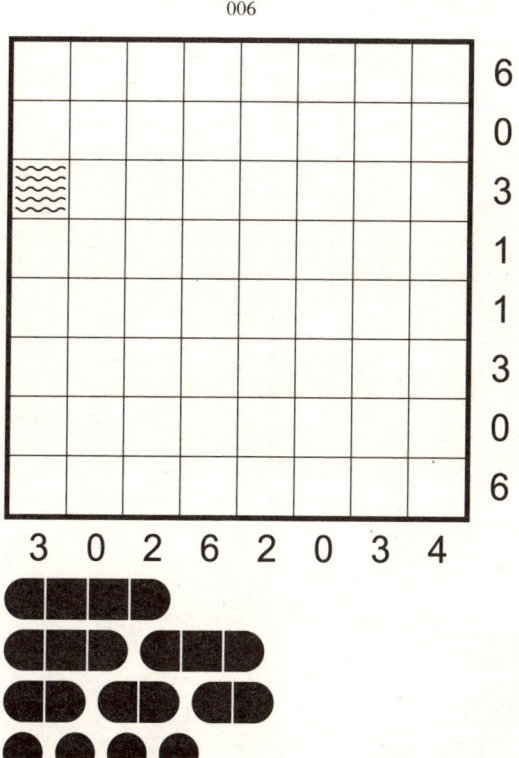

004 答案

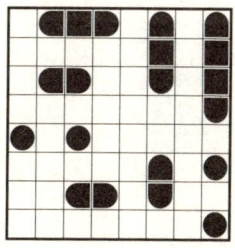

007

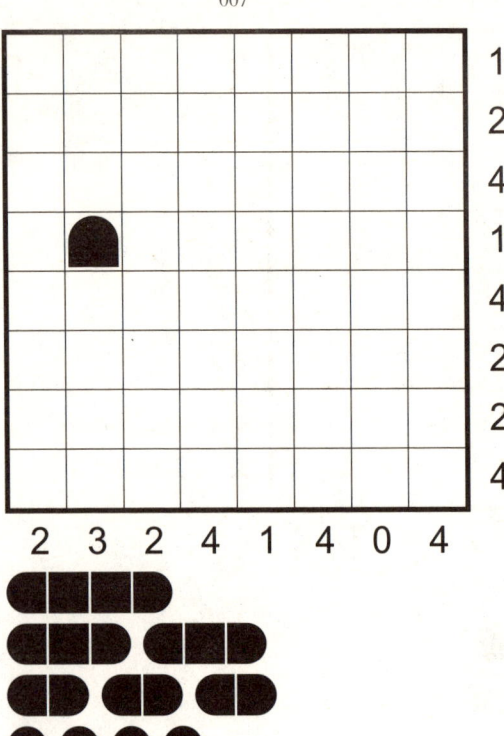

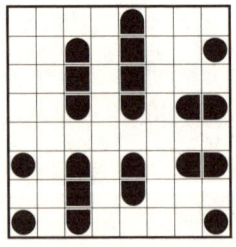

005 答案

008

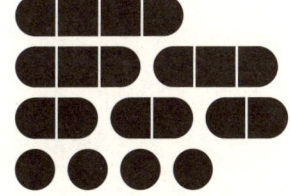

006 答案

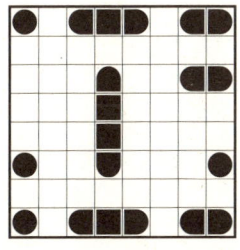

009

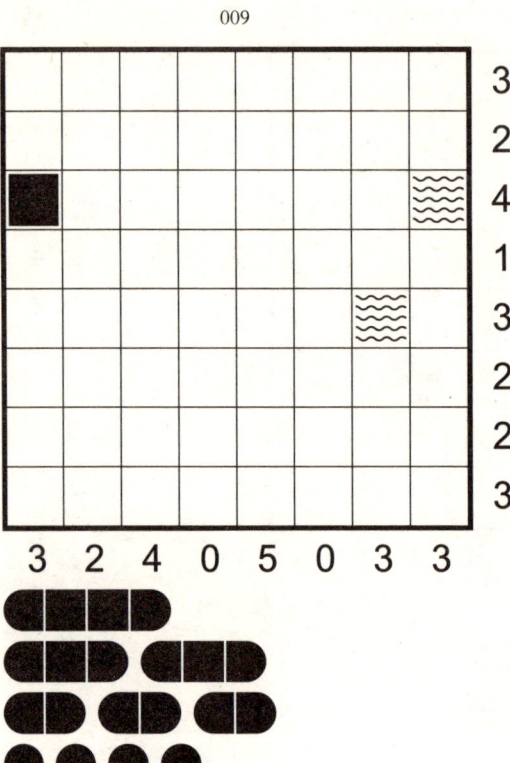

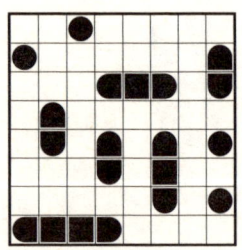

007 答案

010

3
3
4
2
1
2
3
2

5 0 5 0 5 0 3 2

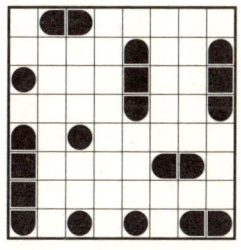

008 答案